FORSCHUNGSBERICHTE DES LANDES NORDRHEIN-WESTFALEN

Nr. 2498

Herausgegeben im Auftrage des Ministerpräsidenten Heinz Kühn
vom Minister für Wissenschaft und Forschung Johannes Rau

Prof. Dr. Hartmut Bick
Dipl.-Biol. Karl-Heinz Christmann
Dr. Walter Schmerenbeck
Hydrobiologische Arbeitsgruppe
am Institut für Landwirtschaftliche Zoologie und Bienenkunde
der Universität Bonn

Untersuchungen über den Einfluß der Strömungsgeschwindigkeit auf die Aufwuchsentwicklung in Modellgewässern

Westdeutscher Verlag 1975

ISBN-13: 978-3-531-02498-1   e-ISBN-13: 978-3-322-88079-6
DOI: 10.1007/978-3-322-88079-6

Inhaltsverzeichnis

1. Einleitung

Innerhalb der Aufwuchsorganismen stellen, wie schon an anderer
Stelle betont (Bick & Bertram 1973), Protozoen, vor allem
Ciliaten, bei der biologischen Gewässergütebeurteilung wichtige
Indikatoren dar (vgl. z.B. Sládečková & Sládeček 1963, Sládeček
1973). Bei Untersuchungen an Aufwuchsciliaten in strömenden und
stehenden Modellgewässern (Bick & Schmerenbeck 1971) zeigte
sich ein deutlicher Besiedlungsunterschied zwischen diesen
Typen, der auf den ökologischen Faktor Strömung zurückgeführt
werden kann. Es war in der zuletzt zitierten Untersuchung aber
nicht möglich, genaue Strömungsmessungen durchzuführen, da ein
geeignetes Meßgerät fehlte.

Dank einer Sachbeihilfe des Ministeriums für Wissenschaft und
Forschung - Landesamt für Forschung - des Landes Nordrhein-
Westfalen konnten wir in den vergangenen Jahren diese Lücke
ausfüllen und dabei zugleich die Eignung eines Heißfilm-Anemo-
meters für limnologische Zwecke überprüfen. Die Arbeiten wurden
im Team durchgeführt. Herr Dipl.-Biol. K.-H. Christmann über-
nahm die arbeitsmäßige Verantwortlichkeit für den Bereich
Strömungsmessungen sowie die Untersuchungen der Primärbesiedlung (Christmann 1973); Herr Dr. rer.nat. W. Schmerenbeck
führte umfangreiche Aufwuchszählungen zur Erfassung von Sukzession und Massenwechsel durch (Schmerenbeck 1974).

Fräulein Ursula Borchert danken wir für die Herstellung von
Zeichnungen und Fotos.

2. Methode

2.1. Die Modellfließgewässer

In Anlehnung an Bick (1967), Bick & Schmerenbeck (1971) und
Bick & Bertram (1973) wurden die Untersuchungen als Modellversuche im Labor durchgeführt. Als Fließgewässermodelle dienten
in sich geschlossene ovale, aus Trovidur gefertigte Rinnen von
15 cm Breite, 15 cm Tiefe und 300 cm Länge. Bei einer Wasser-
füllung von 60 l beträgt die Wassertiefe 10 cm. Das Versuchswasser wurde mittels einer elektromotorisch getriebenen Umwälzbürste aus Trovidur in gleichmäßigen Umlauf versetzt. Die Strömungsgeschwindigkeit ist im Bereich von 10 bis 60 cm/sec (gemessen als Oberflächenströmungsgeschwindigkeit) regulierbar.
Die Umwälzbürste sorgt nicht nur für die Bewegung des Wassers,
sondern bewirkt überdies starken mechanischen Sauerstoffein-
trag.

Die Wassertemperatur wurde mit Unterwasserheizern und Thermosta-
ten auf $20 \pm 1^{\circ}$ C reguliert. Zur Beleuchtung dienten Leuchtröh-
ren (Osram - L - Fluora 40 W/77); 12-Stunden-Tag; 2200 Lux gemessen an der Wasseroberfläche. Beleuchtet wurde jeweils nur
eine Hälfte des Ovals, und zwar die von der Umwälzanlage ent-
fernt liegende, in deren geradem Stück die Aufwuchsuntersuchungen stattfanden.

Als Versuchswasser diente entweder künstliches Süßwasser (Bick
1967) oder natürliches Teichwasser aus dem Poppelsdorfer Weiher
in Bonn. Durch Zugabe von Pepton (Merck 7214) wurden Bedingungen simuliert, wie sie beim Abbau von organischem Material in
natürlichen Gewässern auftreten; die jeweils zugeführten Pepton-
mengen werden bei der Besprechung der einzelnen Versuche ange-
geben.

Die Modellversuche wurden mit Organismenmaterial aus Kleinge-
wässern des Bonner Raumes und aus schon laufenden Modellanla-
gen beimpft; auf diese Weise stand ein breites Spektrum von
potentiellen Besiedlern zur Verfügung.

2.2. Die Erfassung der Organismenbesiedlung

Als Ansiedlungssubstrat für die zu untersuchenden Aufwuchsorganismen wurden Objektträger exponiert, wobei auf die praktischen
Erfahrungen von Sládečková (1962), Wilbert (1969), Schmerenbeck
(1970) und Bertram (1972) zurückgegriffen wurde.

Für die speziellen Zwecke der Strömungsmessung (vgl. Kap. 3.1.
und 3.2.) wurden die Objektträger in den verschiedensten senk-
rechten und waagerechten Positionen exponiert.

Bei der Beobachtung der Sukzession der Organismen (vgl. Kap.
3.3.) bei der Besiedlung von Objektträgern unter verschiedenen
Strömungsbedingungen fanden Trovidurrahmen Verwendung, in die
eine größere Zahl von Objektträgern jeweils paarweise aneinandergelegt eingespannt werden können. Die paarweise Ausbringung
hat den Vorteil, daß jeweils eine Seite des Objektträgers un-
bewachsen ist und damit die mikroskopische Untersuchung erleichtert wird. Eine Längskante der senkrecht exponierten Objektträger war gegen die Strömung gerichtet. Bei einer Wassertiefe von 10 cm reichten die Objektträger von 0,5 cm über Grund
bis 0,5 cm unter die Wasseroberfläche. Der jeweilige Abstand
von den Seitenwänden betrug 1 cm. Parallel zu den senkrecht exponierten Objektträgern wurden auch waagerecht in Querlage auf
dem Boden ausgebrachte untersucht.

Sowohl die qualitative als auch die quantitative Erfassung der
Aufwuchsorganismen wurden in der Regel am lebenden Material
durchgeführt. Nur wenn die Bestandsdichte der vagilen Organismen im Aufwuchs sehr groß war, wurden diese nach Fixierung mit
wäßriger Lugol'scher Lösung gezählt. Die Fixierung erfolgte
dann auf einem zweiten Objektträger sofort nach der Entnahme
aus dem Versuchsbecken. Je nach Besiedlungsdichte wurde entweder 1 bis 3 cm^2 oder die Besiedlung des ganzen Objektträgers
gezählt (20 cm^2). Bei sessilen und vagilen Aufwuchsorganismen
verstehen sich alle Mengenangaben in Individuen / cm^2.

Da der Bestand der Aufwuchsorganismen, vor allem der sessilen
Ciliaten, in der Nähe der gegen die Strömung gerichteten Vorderkante der Objektträger immer größer war als im hinteren Bereich
(vgl. Kap. 3.3.), wurden die Zählungen stets in Streifen von
der Vorderkante zur Hinterkante durchgeführt.

Die Bestimmung der Organismen erfolgte am lebenden Material unmittelbar nach der Probenahme. Als Literatur für Protozoen
dienten Eyferth & Schoenichen (1925/27), Kahl (1930-1935) und
Matthes & Wenzel (1966). Die Nomenklatur der Ciliatengattungen
folgt Corliss (1961). Zur Bestimmung der übrigen Organismen-
gruppen wurde die einschlägige Literatur herangezogen.

Im freien Wasser wurden die Bakterien in Blutkörperchenzähl-
kammern nach Helber im Phasenkontrast ausgezählt.

Soweit aus Arbeitszeitgründen möglich, erfolgte die Bestands-
aufnahme der Organismen bei den Beobachtungen der Sukzession
und des Massenwechsels täglich. Bei speziellen Fragestellungen
wird im experimentellen Teil der Arbeit jeweils der entsprechen-
de Hinweis gegeben.

2.3. Die Erfassung chemischer Parameter

Sowohl bei der Bearbeitung von Spezialfragen als auch bei der
Verfolgung der langzeitigen Organismenbesiedlung wurden in täg-
lichen Abständen kennzeichnende Milieufaktoren wie Gehalt an
O_2, NH_4^+, NO_2^-, NO_3^- und CO_2 erfaßt. Dabei fanden die in der
Limnologie üblichen Verfahren Anwendung (siehe auch Bick &
Bertram 1973).

Zusätzlich wurde der O_2-Verbrauch bestimmt, und zwar mit Hilfe
der manometrischen Technik nach Warburg unter Verwendung von
Reaktionsgefäßen nach Niemitz (140 ml Inhalt, 40 ml Probevolu-
men) (Kleinzeller 1965; Liebmann 1965). Um kurzfristig zu Meß-
ergebnissen zu kommen und um möglichst den momentanen Sauerstoff-
verbrauch zur Zeit der Probenahme angeben zu können, wurde täglich der O_2-Verbrauch über 5 Stunden ermittelt. Durch Vorver-
suche konnte nachgewiesen werden, daß dieser Wert repräsentativ
für das tatsächliche Geschehen im Modellversuch ist (Bick &
Müller 1973).

2.4. Die Strömungsmessung mittels Heißfilm-Anemometer

2.4.1. Das Meßprinzip

Die Messung von Strömungsgeschwindigkeiten mit Heißfilm-Anemo-
metern beruht auf den Gesetzen der Wärmeableitung durch Konvek-
tion. Sie erfolgt durch eine Heißfilmsonde, die über ein Ko-
axialkabel mit dem Anemometer verbunden ist. Die Sonde besteht
aus einem Quarzträger, auf den ein äußerst dünner Nickelfilm
aufgeschmolzen ist, der sich elektrisch bis auf maximal 300° C
aufheizen läßt. Strömungsvorgänge am beheizten Meßfühler bewirken eine Wärmeabgabe an das ihn umgebende Medium. Eine Brücken-
schaltung im Anemometer bewirkt, daß der Widerstand des Metall-
filmes und damit auch die Temperatur auf einem vorbestimmten
Wert bleibt. Ein Wärmeverlust wird durch erneutes Aufheizen des
Filmes kompensiert, er ist abhängig von der geometrischen Form,
den Abmessungen des Fühlers und vom Winkel, den der strömungsempfindliche Sondenteil mit der Hauptströmungsrichtung bildet.
Ebenso sind die Oberflächenbeschaffenheit des Metallfilms sowie
Temperatur, Dichte, Druck, thermische Eigenschaften und die
Geschwindigkeit des Mediums, in dem gemessen wird, von Bedeutung. Geschwindigkeitsmessungen lassen sich daher durchführen,
wenn alle anderen Parameter konstant gehalten werden. Es wird
die Leistung gemessen, die erforderlich ist, um die Filmtempe-
ratur konstant zu halten; die Brückenspannung am Anemometeraus-
gang ist ein Maß für die Wärmeübertragung an der Sonde; wird
sie in Abhängigkeit von der Strömungsgeschwindigkeit aufgetragen, erhält man die Eichkurve des jeweiligen Fühlers.

2.4.2. Die Meßgeräte

Anwendung fand hier das DISA-Konstant-Temperatur-Anemometer
Typ 55 D 05, dessen wichtigstes Schaltelement die Brücke ist.
Ein Zweig wird vom Meßfühler hergestellt, den anderen bildet
ein variierbarer Widerstand. Das Anemometer kann mit einem
Brückenverhältnis von 1:10 oder 1:1 betrieben werden; aus tech-
nischen Gründen wurde stets das letztere gewählt und ein exter-
ner Widerstand angeschlossen. Der Metallfilm wird durch die
Wahl bestimmter Widerstandsverhältnisse an der Brücke auf ein
Überhitzungsverhältnis a gebracht, dessen Wert sich aus der

Formel $a = \dfrac{R-Ro}{Ro}$ ergibt. Ro ist der Kaltwiderstand der Sonde (Widerstand bei der Temperatur des Meßmediums), R der Arbeitswiderstand, dessen Wert man durch Multiplikation von Ro mit dem Überhitzungsfaktor Ü (1,05-1,1) erhält. Je höher R gewählt wird, desto empfindlicher spricht die Sonde an, um so größer wird aber auch der Meßfehler durch Einfluß von Schmutz und Luftblasen in der Meßflüssigkeit.

In Verbindung mit dem Anemometer erlaubt das DISA-Digital-Gleichspannungsvoltmeter Typ 55 D 30 ein genaues Ablesen der Brückenspannung (Anemometerausgangsspannung). Durch Einschalten von Dämpfungskreisen mit stufenweise einstellbaren Zeitkonstanten (1, 3, 10 sec) besteht die Möglichkeit, den arithmetischen Mittelwert der Strömung innerhalb der durch die Zeitkonstanten festgelegten Zeit zu messen.

Mittels des DISA-Linearisators Typ 55 D 15 als Analogrechner kann die nichtlineare Beziehung zwischen der Ausgangsspannung des Anemometers und der gemessenen Strömungsgeschwindigkeit weitgehend linearisiert werden. Der linearisierte Wert kann so eingestellt werden, daß er zahlenmäßig der jeweiligen Strömungsgeschwindigkeit entspricht. Bei Übersichtsmessungen, die nur geringe Genauigkeit erfordern, kann daher auf die Verwendung der Eichkurve verzichtet werden. Im Labor wurde stets die exaktere Meßmethode praktiziert. Durch die Linearisierung wird die Meßgenauigkeit von Turbulenzen hoher Intensität verbessert und die Berechnung des prozentualen Turbulenzgrades wesentlich erleichtert.

Bei der Messung von Turbulenzen findet das DISA-Effektivwertvoltmeter Typ 55 D 35 in Verbindung mit dem Gleichspannungsvoltmeter Anwendung; das Gerät mißt die Effektiv-Wechselspannungen.

Zwei Meßsonden wurden eingesetzt: Die (1) DISA-Heißfilm-Sonde A 87 erlaubt wegen ihrer geringen Abmessung Strömungsuntersuchungen auch an Stellen, wo andere Sonden aus Raumgründen nicht eingesetzt werden können. Bedingt durch die konische Form ist die Verschmutzungsempfindlichkeit geringer als bei anderen Typen. Die (2) DISA-Fibersonde F 09 ermöglicht dank ihrer abgeflachten Form Messungen in unmittelbarer Substratnähe.

Beide Fühlertypen sind durch eine auf den Nickelfilm aufgetragene 2 μm dicke Quarzschicht gegen mechanische und chemische Einflüsse geschützt.

Für die exakte Sondenbewegung in Substratnähe war eine manuelle Führung nicht ausreichend. Da kein spezieller Mikromanipulator zur Verfügung stand, wurde eine behelfsmäßige Einrichtung aus dem Trieb eines Foto-Balgengerätes konstruiert. Durch dessen Feintrieb konnte eine schnelle und genaue Einstellung in der Horizontalen vorgenommen werden; die Bewegung in der Vertikalen erfolgte manuell.

2.4.3. Der Meßaufbau für Strömungs- und Turbulenzmessungen

Die Standardausrüstung für einfache Strömungsmessungen bilden Sonde, Anemometer und ein daran angeschlossenes Gleichspannungsvoltmeter. Sollen Turbulenzen hoher Intensität gemessen werden, wird ein Linearisator dazwischengeschaltet, da der Turbulenzgrad mit linearisierter Spannung wesentlich einfacher berechnet werden kann.

Die Ermittlung des Turbulenzgrades T% erfordert den Anschluß
eines Effektivwertvoltmeters. Bei einfacher Geräteanordnung
ohne Linearisator erfolgt die Berechnung nach der Formel

$$T\% = 100 \cdot U_{eff} \; \frac{4\,U}{U^2 - U_o^2} \; .$$

U_{eff} zeigt das Effektivwertvoltmeter an, U und U_o werden am
Gleichspannungsvoltmeter abgelesen. U_o ist die Brückenspannung
bei der Strömungsgeschwindigkeit Null. Bei Verwendung eines
Linearisators vereinfacht sich die Berechnung wesentlich:

$$T\% = 100 \cdot \frac{U_{eff}}{U}$$

Eine Eichkurve ist nicht nötig, da nur die Spannungswerte in die
Gleichung eingehen.

2.4.4. Die Eichung der Sonden

Unter konstanten Bedingungen entspricht jeder Geschwindigkeits-
wert einer bestimmten Anemometer-Brückenspannung. Wird diese im
Koordinatensystem gegen die Geschwindigkeit aufgetragen, erhält
man eine Eichkurve, die nur für den verwendeten Fühler und ein
bestimmtes Überhitzungsverhältnis gilt.

Die Eichungen wurden in einer kreisförmigen Plastikwanne von
81 cm Innendurchmesser und 19 cm Tiefe ausgeführt, wobei wir
uns folgender selbst konstruierter Apparatur bedienten: Auf
einem Metalldreifuß ist ein drehzahlkonstanter Elektromotor an-
gebracht, der einen über dem Beckenzentrum drehbar gelagerten
Metallarm bewegt. An ihm ist die Meßsondenhalterung befestigt,
die sich radial verschieben läßt, so daß durch die Wahl verschiedener Radien Geschwindigkeiten von 6,5 bis 41 cm/sec er-
zielt werden können. Das Kabel, das den Meßfühler mit dem Anemometer verbindet, wird bei der Drehung der Apparatur um die
zentrale Achse gewickelt.

Alle Eichmessungen erfolgten in destilliertem Wasser, das durch
eine Heizung mit Thermostat auf einer Temperatur von 20,5°C gehalten wurde.

Die Eichung verläuft störungsfrei, wenn der Eichwert abgelesen
werden kann, ehe der Trägerarm eine Umdrehung im Becken beendet
hat. Bei kleinem Radius jedoch sind bis zur Einstellung des
Spannungswertes maximal zwei Umdrehungen nötig; dadurch wird
das Wasser leicht bewegt, und es treten Spannungsschwankungen
auf, die aber den Verlauf der Eichkurve nur unwesentlich beeinflussen.

Abb. 1 zeigt die Eichkurven für die konische Sonde A 87. In E 1
ist die nicht linearisierte Ausgangsspannung des Anemometers
gegen die Eichgeschwindigkeit aufgetragen. Nur im Bereich gro-
ßer Steigung können die Werte exakt abgelesen werden, höhere
Geschwindigkeiten lassen sich besser mit E 2 ermitteln, wo die
linearisierte Spannung Berücksichtigung findet. Der Grad der
Linearisierung hängt von der Exponenteinstellung "m" des Linearisators ab, die Einfluß auf die Umrechnung der nicht lineari-
sierten Spannung hat. Bei optimaler Linearisierung liegen alle
Eichwerte auf einer Geraden. Der günstigste Wert von m muß

durch Versuche (mehrere Eichungen mit verschiedenen Exponenten)
ermittelt werden, für die verwendeten Sonden A 87 betrug er 6,
für die Fibersonde F 09 2 oder 3. Die Eichkurven für die Sonde
F 09 zeigen einen ähnlichen Verlauf.

Werden die strömungsempfindlichen Bereiche der Sonden senkrecht
zur mittleren Strömungsrichtung ausgerichtet, so sind bei der
Messung der Geschwindigkeit besonders die longitudinalen Strö-
mungskomponenten wirksam. Die Abkühlung des Nickelfilmes kann
bei gleicher mittlerer Strömungsgeschwindigkeit unterschiedlich
sein, je nachdem, welchen Winkel der Fühler mit der Hauptströmungsrichtung bildet. Form und Abmessungen der konischen Sonde
A 87 bewirken, daß die Abkühlung bei gegebener Geschwindigkeit
stets gleich bleibt und keine Richtungscharakteristik ausgebil-
det ist. Bei der Fibersonde F 09 ist der strömungsempfindliche
Teil verhältnismäßig groß und somit eine Richtungscharakteristik ausgeprägt.

Besondere Bedeutung hat die <u>Berechnung der Winkeleinstellung</u>
für die Eichung. In den Gebrauchsanleitungen der Firma DISA
wird zwar darauf hingewiesen, daß die Richtungscharakteristik
bei der Eichung beachtet werden muß, eine Anleitung zur Berechnung des Einstellwinkels aber fehlt. Deshalb soll hier ausführ-
licher darauf eingegangen werden (vgl. Abb. 2).

Vor jeder Eichmessung wird der Winkel α berechnet, den der untere Teil b des rechtwinkligen Sondenhalters mit dem Trägerarm
Tr (auf die Ebene von b projiziert) bildet. Er muß so eingestellt werden, daß die Sondenspitze S beim Umlauf im Eichbecken
stets tangential zu dem Kreis verläuft, der bei der Umdrehung
beschrieben wird. Aus Abb. 2 ist ersichtlich, daß α nach der

Formel $\cos\alpha = \dfrac{b}{r}$ berechnet werden kann. Da sich der Winkel

sehr mit dem Radius ändert (z.B. $16°$ bei 50 mm, $82°$ bei 360 mm),
muß die Winkeleinstellung unbedingt beachtet werden.

Da die Wärmeübertragung vom Fühler proportional zur Temperatur-
differenz zwischen Medium und Fühler ist (DISA-Sondenhandbuch),
beeinflußt eine Temperaturänderung während der Messung die
Brückenspannung des Anemometers. Bei der Eichung muß darauf
geachtet werden, daß sich die Wassertemperatur während der Messung nicht verändert, weil sie sonst das Sondensignal beeinflußt. Die Eichtemperatur wurde mit einem Unterwasserheizer,
der über ein Relais an ein Kontaktthermometer geschaltet war,
auf $20,5°$ eingestellt.

3. Untersuchungsergebnisse

3.1. Vorbemerkungen

Bei früheren Arbeiten unserer Arbeitsgruppe an Modellgerinnen
(Bick & Schmerenbeck 1971) wurde die Strömung als Oberflächenströmung mittels der Driftkörpermethode ermittelt: Mit einer
Stoppuhr wird die Zeit gemessen, in der ein an der Wasseroberfläche treibender Körper eine abgemessene Strecke zurücklegt.
Dieses Verfahren läßt natürlich keine Aussagen über die Strömungsverhältnisse in tieferen Wasserschichten oder in Substratnähe zu. Wegen der bekannten Veränderungen der Strömungsgeschwindigkeit in Substratnähe (vgl. z.B. Ambühl 1959) muß auch
mit Wirkungen der Strömung auf den Bewuchs gerechnet werden.
Daraus ergibt sich als erste Aufgabe, die Strömungsverhältnisse
in der Umgebung der exponierten Objektträger zu untersuchen.

Ferner muß geklärt werden, ob bei Verwendung von Objektträger-
gestellen, wie sie im stehenden Wasser für praktische Belange
der Gewässerüberwachung eingesetzt werden, im strömenden Wasser
Störungen auftreten und - wenn ja - wie diese vermieden werden
können. Außerdem muß der Einfluß der Expositionsweise überprüft
werden.

3.2. Strömungsmessungen im Modellgerinne

3.2.1. Einstellung der Meßgeräte

Bei umfangreichen Meßreihen in einem der verwendeten Modellgerinne zeigten sich starke Schwankungen der Strömungsgeschwindigkeit, die durch den Antriebsmodus mittels Umwälzbürste hervorge-
rufen werden. Aus diesem Grund mußte die Dämpfungsstufe am Digi-
tal-Gleichspannungsvoltmeter und die Integrationszeit am Effektivwertvoltmeter auf 10 sec eingestellt werden. Da trotzdem im
1/100-Voltbereich des Digitalgerätes noch Schwankungen auftra-
ten, wurde der exakte Wert über 5 sec optisch gemittelt. Die
Ablesung der Effektivspannung erfolgte nach 60 sec, da erst
dann der Zeiger zum Stillstand kam. Die ermittelten Daten sind
demnach nicht als Momentanwerte, sondern als Mittelwerte zu be-
trachten.

3.2.2. Störfaktoren

Als messungsstörende Faktoren erwiesen sich Gasblasen und
Schwebstoffe. Auf den störenden Einfluß von Luftblasen weist
schon Rasmussen (1967) hin. Durch den mechanischen Lufteintrag
der Umwälzbürste werden viele kleine Blasen ins Wasser einge-
bracht, die sich am Heißfilm festsetzen können und Meßstörungen
verursachen. Außerdem bewegt sich die O_2-Konzentration im Versuchswasser um den Sättigungswert; dadurch wird sehr schnell infolge Erwärmung am Sondenfilm der Sättigungspunkt überschritten
und im Wasser gelöster Sauerstoff (und andere Gase) perlen aus.
Die Störungen durch Gasblasen konnten im Modellgerinne abge-
schwächt werden, indem die Sonde in kurzen Zeitabständen abge-
schaltet und ein niedriges Überhitzungsverhältnis gewählt wurde.
Letzteres ist wesentlich, da die Blasenbildung bei hoher ther-
mischer Belastung der Sonde am stärksten ist.

Vom Wasser mitgeführte Schwebstoffe erwiesen sich unter unseren
Versuchsbedingungen als bedeutende Störungsquelle. Mit wachsen-
der Strömungsgeschwindigkeit wird der Einfluß mitgeführter Partikeln auf das Meßergebnis größer, weil dann pro Zeiteinheit
mehr Teilchen mit dem Heißfilm in Kontakt kommen. Vergleichs-
messungen ergaben, daß die Fibersonde F 09 in partikelnführen-
den Modellgerinnen nicht zu gebrauchen ist. Aber auch die Sonde A 87 zeigt bei hoher Schwebstofffracht einen starken Span-
nungsabfall. Für unsere Untersuchung war die Empfindlichkeit
der Fibersonde gegenüber Verunreinigung mit Partikeln besonders
störend, weil mit dieser Sonde Messungen in unmittelbarer Substratnähe durchgeführt werden sollten. Das erwies sich für be-
siedeltes Substrat als praktisch undurchführbar, so daß die
entsprechenden Messungen nur in schwebstofffreiem Wasser und
mit unbesiedelten Objektträgern durchgeführt werden konnten.

3.2.3. Strömungsgeschwindigkeit und Turbulenz im Gerinnequer-
schnitt

Strömungsprofile wurden zur Vermeidung von Störungen durch
Schwebstoffe in einem mit destilliertem Wasser gefüllten Gerin-

ne erarbeitet. Es wurde eine größere Zahl von Meßstellen bearbeitet; hier wird aber nur auf die Verhältnisse in dem geraden Stück des Ovals (vgl. Kap. 2.1.) eingegangen, in dem sich die zur Untersuchung des Aufwuchses exponierten Objektträger befanden.

Das Horizontalprofil im Gerinne wurde in 1 cm und 5 cm Tiefe, sowie in einem Niveau von 1 cm über Grund erfaßt. Die Geschwindigkeit an der Innenseite des Gerinnes war stets geringer als an der Außenkante (vgl. Daten in Kap. 3.3.3. Abschnitt 1). Größenordnungsmäßig liegt die Geschwindigkeit innen um 20 - 35% tiefer. Mit steigender Oberflächenströmungsgeschwindigkeit (gemessen nach Driftkörpermethode) nimmt der Unterschied zu.

Im Vertikalprofil bleibt die Strömungsgeschwindigkeit von oben nach unten zunächst nahezu gleich, nimmt aber in den untersten 2 cm zunächst geringer, dann mit Annäherung an den Grund stärker ab.

Mit zunehmender Geschwindigkeit verringert sich der Turbulenzgrad, weil der dynamische Anteil der Strömungsgeschwindigkeit (= Turbulenz) weniger stark anwächst als der statische (= mittlere Strömungsgeschwindigkeit). Da im Versuchsgerinne die Strömungsgeschwindigkeit bei größerer Wassertiefe zurückgeht, steigt hier der Turbulenzgrad an.

3.2.4. Die Strömungsverhältnisse in Substratnähe

Für die Beurteilung der Organismenbesiedlung auf in Gestellen exponierten Objektträgerreihen ist, wie schon früher erwähnt, die Kenntnis über die Strömungsverteilung innerhalb der Gestelle von wesentlicher Bedeutung. Entsprechend war eine wichtige Aufgabe der vorliegenden Untersuchung, die Strömungsgeschwindigkeit zwischen vertikal exponierten Objektträgern (vgl. Kap. 2.2.) zu messen. Dank der kleinen Abmessungen der konischen Sonde A 87 war es möglich, Messungen zwischen den im Reihenverband in 1 cm Abstand voneinander vertikal aufgestellten Objektträgern vorzunehmen. Folgende Meßpunkte wurden ausgewählt:
(1) 15 cm vor den gegen die Strömung gerichteten vorderen Längskanten der Objektträger in mittlerer Wassertiefe;
(2) genau in Höhe der Vorderkante in der Mitte zwischen zwei Objektträgern;
(3) im Zentrum des Gestells mitten zwischen zwei Objektträgern;
(4) in Höhe der Hinterkanten in der Mitte zwischen zwei Objektträgern.

Die Meßergebnisse sind in Tab. 1 zusammengestellt, und zwar jeweils die prozentuale Geschwindigkeitsänderung an den Meßpunkten 2 - 4 gegenüber der Strömungsgeschwindigkeit im freien Wasser (Position 1).

Auffallendes Ergebnis ist, daß in Höhe der Vorderkanten zunächst eine Abbremsung zu beobachten ist, während zwischen den Objektträgern die Geschwindigkeit infolge der Düsenwirkung des verengten Querschnitts stark ansteigt. Dabei wird die mittlere Außengeschwindigkeit um etwa 25 % übertroffen. Auch an der Hinterkante der Objektträger liegt die Strömungsgeschwindigkeit noch deutlich erhöht (Tab. 1).

Eine Messung der Strömungsgeschwindigkeit unmittelbar am Substrat und innerhalb der Watten von Aufwuchsalgen war aus den früher erwähnten Gründen nicht möglich, so daß die Erfassung der Grenzschichtverhältnisse bisher nicht gelungen ist.

3.3. Untersuchung der Primärbesiedlung von Objektträgern bei verschiedenen Expositionsweisen und Strömungsgeschwindigkeiten

Technische Vorbemerkung: Die Versuche wurden nach den im Kapitel Methode unter 2.1. abgehandelten Prinzipien durchgeführt. Als Versuchswasser diente künstliches Süßwasser, das zunächst 24 h lang belüftet, dann beimpft und mit 75 mg/l Pepton beschickt wurde.

3.3.1. Senkrecht, parallel zur Strömung exponierte Objektträger

Zunächst wurde die für die Praxis besonders wesentliche Organismenbesiedlung auf senkrecht in Trovidurgestellen ausgebrachten Objektträgern (vgl. Kap. 2.2.) untersucht. Die charakteristischen Veränderungen der Strömungsgeschwindigkeit sind im vorhergehenden Kapitel (Kap. 3.2.4.) anhand der Tab. 1 besprochen worden. Entsprechend diesem Befund wurde die Objektträgerfläche zur Auszählung der Organismen in 3 Streifen unterteilt (vgl. Einschaltfigur in Abb. 3a), die parallel der zur Strömung hin gerichteten Längskante verlaufen. Aus einer größeren Zahl von Zählungen werden hier zwei repräsentative Ergebnisse dargestellt. Abb. 3 zeigt ein Beispiel mit relativ niedriger Strömungsgeschwindigkeit, Abb. 4 dagegen behandelt einen Parallelversuch mit hoher Geschwindigkeit. Die Graphik berücksichtigt nur die Primärbesiedlung, die die Zonierung durch Strömungseinwirkung am besten widergibt. Nach längerer Besiedlung kann durch die Entwicklung von Fadenalgen eine zusätzliche Strukturierung des Lebensraumes mit kleinräumigen Veränderungen der Strömung bewirkt werden.

Wie die Abb. 3 und 4 zeigen, haben kugelige Blaualgen, Oscillatorien, autotrophe Flagellaten, Diatomeen, Rotatorien, Stylonychia mytilus und Vorticella convallaria deutlich höhere Abundanz in der Zone 1, d.h. an der Vorderkante der Objektträger, als in den übrigen Zonen. Der Befund gilt gleichermaßen für niedrige und hohe Strömungsgeschwindigkeit. Amoeben zeigen keine klare Zonierung, ebenso sind bei kleineren vagilen Ciliatenarten wie Chilodonella, Cinetochilum und Litonotus keine eindeutigen Feststellungen zu machen. Während beispielsweise Cinetochilum bei niedriger Strömungsgeschwindigkeit regelmäßig auf der Vorderkante am stärksten vertreten war (Abb. 3b), ging ihre Zahl bei hoher Geschwindigkeit dort zurück (Abb. 4b). Es mag dieser Befund technisch bedingt sein, da die Entnahme der Objektträger aus dem Gerinne bei stärkerer Strömung zu größeren Verdriftungen führen kann.

Vergleicht man die Stärke der Primärbesiedlung bei den beiden geprüften Strömungsgeschwindigkeiten, so ergibt sich pauschal nur eine Besatzminderung bei stärkerer Strömung für Blaualgen und eine Ciliatenart, nämlich Cinetochilum. Daraus muß geschlossen werden, daß die Primärbesiedler durch eine Erhöhung der Strömung von 17 auf 58 cm/sec nicht nachhaltig beeinflußt werden.

Bemerkenswert ist schließlich noch der Befund, daß sich zwischen den nahe der Innenkante des Gerinnes und den außen exponierten Objektträgern kein signifikanter Unterschied in der Besiedlung ergab. Diese Feststellung ist vor allem für die später zu besprechenden Sukzessionsuntersuchungen wichtig. Der früher (Kap. 3.2.3.) besprochene Abfall der Strömungsgeschwindigkeit von der Außenkante des Gerinnes zur Innenkante hat demnach keine Konsequenzen für die Ansiedlung der Aufwuchsorganismen.

3.3.2. Senkrecht stehende, mit der Breitseite zur Strömung gerichtete Objektträger

Je zwei vertikal stehende Objektträger wurden mit ihren Flächen aneinandergelegt und senkrecht zur Strömungsrichtung ausgerichtet, so daß ein Objektträger mit der Fläche gegen die Strömung ("Luv") gerichtet war, der andere hingegen im strömungsgeschützten Bereich ("Lee") lag. Ein Objektträgerpaar wurde nahe der Innenkante des Gerinnes ausgebracht, das andere außen.

Auf Lee- und Luvseite der Objektträger wurden die Organismen ausgezählt. Zonierungen auf den einzelnen Trägern traten nicht auf; auch ließen sich keine Unterschiede zwischen Innen- und Außenlage feststellen. Auffällig waren hingegen in vielen Fällen die zahlenmäßigen Differenzen zwischen dem Besatz in Luv und Lee, wobei meist die der Strömung zugekehrte Seite stärker besiedelt war. Wesentlich für die Organismenbesiedlung ist, daß im Lee der frontal angeströmten Objektträger ein turbulenzreicher Totwasserraum auftritt. Der Turbulenzgrad betrug bei der niedrigen Geschwindigkeit (10 cm/sec) 45 %, bei hoher Geschwindigkeit (50 cm/sec) dagegen 26 %.

Abb. 5 zeigt repräsentative Ergebnisse, die als Mittelwerte der Auszählung von innen und außen im Gerinne exponierten Objektträgern zu verstehen sind. Es werden die Befunde aus Modellen mit niedriger und mit hoher Strömung vergleichend dargestellt. Oscillatorien, autotrophe Flagellaten, Diatomeen und Cinetochilum zeigen eine deutlich stärkere Besiedlung im Luv gegenüber der Leeseite; das gilt für beide untersuchten Strömungsbereiche. Bei den übrigen beobachteten Formen überwiegt die Besatzstärke der Luvseite teils geringfügig, teils - so bei Rotatorien, Amöben und Chilodonella - ist der Besatz im Lee etwas stärker. Bezüglich der Unterschiede zwischen den verschiedenen Strömungsgeschwindigkeiten ist nur festzustellen, daß bei stärkerer Strömung kugelige Blaualgen und Diatomeen (Abb. 5a) sowie Chilodonella und Cinetochilum (Abb. 5c) etwas stärker an der Leeseitenbesiedlung beteiligt sind.

3.3.3. Waagerecht am Boden des Gerinnes exponierte Objektträger

Nach der weiter oben besprochenen Feststellung, daß am Boden des Gerinnes die Strömungsgeschwindigkeit merklich abnimmt und zwischen Innen- und Außenkante starke Unterschiede bestehen, ist es von besonderem Interesse zu ermitteln, ob in diesem Bereich Zonierungen im Aufwuchs auftreten. Zur Verfolgung dieser Fragen wurden Objektträger am Boden des Gerinnes ausgelegt, und zwar sowohl nahe der Innen- als auch nahe der Außenkante. Die Objektträger waren mit ihrer Längsachse der Strömungsrichtung parallel angeordnet. Zwischen der Strömungsgeschwindigkeit innen und außen bestanden deutliche Unterschiede. Bei 10 cm/sec Oberflächengeschwindigkeit betrug die Geschwindigkeit am Grund innen 2,5 und außen 3,2 cm/sec; die entsprechenden Werte für 50 cm/sec Oberflächengeschwindigkeit lauten 27,2 bzw. 40,5 cm/sec.

Abb. 6 stellt Ergebnisse aus Zählungen der Primärbesiedlung (24 h nach Versuchsbeginn) dar, und zwar für zwei verschiedene

Oberflächengeschwindigkeiten jeweils den Besatz innen und
außen auf waagerecht am Grunde liegenden Objektträgern. Eine
Zonierung auf den einzelnen Objektträgern war nicht festzustellen; die in der Abb. 6 gegebenen Werte stellen Mittelwerte aus
der Zählung ganzer Träger dar. Überraschenderweise ergaben
sich beim Vergleich der Primärbesiedlung von innen bzw. außen
exponierten Objektträgern trotz der Unterschiede in der loka-
len Strömungsgeschwindigkeit keine starken Unterschiede. Die
Differenzen bei Oscillatorien, Diatomeen oder Cinetochilum
sind statistisch nicht zu sichern. Zwischen den Gerinnen mit
verschiedener Oberflächenströmung bestehen vor allem folgende
Unterschiede (Abb. 6b): Cinetochilum ist bei höherer Geschwindigkeit deutlich im Bestand vermindert, auch Vorticella convallaria ist dort individuenärmer. Bei letzterer Art ist insgesamt
auffallend, daß die Individuenzahl mit steigender Strömungsgeschwindigkeit deutlich absinkt (Abb. 6b).

Abschließend kann zu diesem Versuchskomplex festgestellt werden,
daß die beschriebenen Differenzen der Strömungsgeschwindigkeit
zwischen innen und außen im Gerinne keine wesentlichen Besatz-
unterschiede bei der Primärbesiedlung hervorrufen.

3.3.4. Schlußfolgerungen aus den Versuchen zur Primärbesiedlung
von Objektträgern

Wichtigster Befund der in den vorhergehenden Abschnitten besprochenen Versuche ist die Feststellung, daß die in Gestellen
exponierten Objektträger eine deutliche strömungsabhängige Zonierung zeigen, wobei die stärkste Besiedlung im Bereich der
vorderen Kante auftritt, wo eine relativ geringe Strömung
herrscht. Das hat für die praktische Nutzung derartiger Auf-
wuchssubstrate in strömendem Wasser die Konsequenz, daß grundsätzlich die Objektträger von der Vorder- bis zur Hinterkante
durchgezählt werden müssen, um zu vergleichbaren Mittelwerten
zu kommen.

Die im Querprofil des Versuchsgerinnes auftretenden Strömungs-
unterschiede machen sich auf die Besiedlung der in Gestellen
im zentralen Wasserkörper exponierten Objektträger nicht be-
merkbar.

Die Besiedlungsunterschiede zwischen nahe der Innenkante waagerecht am Gerinneboden ausgelegten Objektträgern und entsprechend exponierten an der Außenkante sind verhältnismäßig gering
und können im Rahmen der üblichen Sukzessions- oder Besiedlungs-
studien vernachlässigt werden.

Bei der Besiedlung von frontal angeströmten Objektträgern ergaben sich deutliche Besatzminderungen auf der strömungsabge-
wandten Fläche (Lee) gegenüber der angeströmten Luv-Seite. Für
praktische Nutzung, etwa bei der Wassergüteuntersuchung, er-
scheint diese Expositionsweise weniger geeignet als die vorge-
nannten Typen.

3.4. Sukzession und Massenwechsel der Aufwuchsorganismen beim
Peptonabbau bei unterschiedlichen Strömungsgeschwindigkeiten

Technische Vorbemerkung: Die Versuche wurden in Modellgerinnen (vgl. Kap. 2.1.) durchgeführt. Als Versuchswasser diente natürliches Teichwasser, das zusätzlich
beimpft wurde. Pepton wurde in Höhe von jeweils 100 mg/l

bei Versuchsbeginn sowie zusätzlich am 7. und 14. Versuchstag zugegeben. Das Verfahren hat den Sinn, zu wiederholten Malen die Abbauintensität zu erhöhen und damit den Massenwechsel der Aufwuchsorganismen zu beeinflussen.

In umfangreichen Versuchsserien wurde überprüft, wie die Besiedlung des freien Wassers und der exponierten Objektträger bei Zugabe von Pepton zu Modellgerinnen mit verschiedenen Strömungsgeschwindigkeiten abläuft. Pepton diente hierbei als Modell für eine organische Verunreinigung, und eine wesentliche Fragestellung dieser Versuche zielte auf die Gewinnung saprobiologisch nutzbarer Daten insbesondere hinsichtlich der für das Saprobiensystem der Gewässerbeurteilung wichtigen Ciliaten. Die saprobiologisch relevanten Versuchsergebnisse sind bei Schmerenbeck (1974) zusammengestellt. Die für die Beurteilung der Strömung auf die Aufwuchsgesellschaft wichtigen Fakten werden im folgenden anhand ausgewählter Diagramme dargestellt.

Wir beschränken uns hier auf drei Versuchsgruppen:
(1) Modell eines stehenden Gewässers, das durch künstliche Belüftung wie die folgenden Versuche eine sehr gute Sauerstoffversorgung hat; (2) Modellgerinne mit einer Oberflächenströmung von 30 cm/sec; (3) Modellgerinne mit einer Oberflächenströmung von 60 cm/sec. In (2) und (3) erfolgt der Antrieb über eine Umwälzbürste (vgl. Kap. 2.1.).

Um eine Vorstellung von den abiotischen Bedingungen und dem Massenwechsel der Bakterien im freien Wasser zu geben, ist die Abb. 7 beigefügt. Der dort für eine Strömungsgeschwindigkeit von 30 cm/sec dargestellte Kurvenverlauf kann als repräsentativ auch für die anderen Versuche dienen, wenn sich auch die Maximalwerte in einigen Punkten geringfügig unterscheiden. Wesentlich ist, daß jeder Peptonzugabe ein Abfall der O_2-Kurve und starke Zunahme der Bakterienzahl sowie des O_2-Verbrauchs und des CO_2-Gehalts folgt. Das primär beim Peptonabbau entstehende NH_4^+ wird rasch zu NO_2^- und weiter zu NO_3^- oxidiert. Nitrat reichert sich wegen der verhältnismäßig geringen Besiedlung mit photoautotrophen Organismen stark an. Alles in allem ein sehr typisches Bild, das keine Besonderheiten aufweist und auftretende Unterschiede in der Besiedlung der einzelnen Versuchsgruppen auf den Faktor Strömung zurückzuführen erlaubt.

Die Sukzessionen der Aufwuchsorganismen und die nachfolgenden Besiedlungsveränderungen auf senkrecht in Trovidurgestellen exponierten Objektträgern für das belüftete Modellsystem ohne Strömung sind in Abb. 8a und 8b dargestellt. Den Bakterienmaxima im freien Wasserraum folgend erreichen heterotrophe Flagellaten (ca. 10 μm groß) hohe Besiedlungsdichten. Die als autotrophe Flagellaten (Größenordnung 50 μm) zusammengefaßten Formen zeigen ein deutliches Maximum nur zu Versuchsbeginn. In der Sukzessionsreihe folgen als Nächste mehrere Ciliatenarten (Abb. 8b), später weitere Protozoengruppen sowie Algen und kleine Invertebraten (Abb. 8a). Die Details sollen hier nicht besprochen werden, da der Betrachtungsschwerpunkt auf dem Vergleich der einzelnen Versuchsgruppen liegt.

In Abb. 9a und 9b sind Sukzession und Besiedlungsverlauf bei einer Strömungsgeschwindigkeit von 30 cm/sec zusammengefaßt. Die generelle Tendenz ist ähnlich wie in Abb. 8 gezeigt; die absoluten Besatzzahlen sind aber in vielen Fällen im strömen-

den Wasser deutlich niedriger. Das gilt unter anderem für Fadenalgen sowie für die Ciliaten Cinetochilum margaritaceum, Chilodonella, Cyclidium, Aspidisca und Litonotus (Abb. 9b), die als
vagile Elemente des Aufwuchses durch die Strömung in der Ver-
breitung gehindert werden können. Auch bei sessilen Formen, wie
Vorticella microstoma und V. octava ist der Bestand im strömenden Wasser vergleichsweise gering. Ein besonderes Merkmal aller
Versuche mit strömendem Wasser war das Auftreten von Sphaeroti-
lus, einem Raumkonkurrenten für kurzstielige Vorticella-Arten.

Abb. 10a und b stellen den Besiedlungsverlauf bei einer Strömungsgeschwindigkeit von 60 cm/sec dar. Gegenüber dem vorherge-
hend beschriebenen Versuch (30 cm/sec) ist ganz allgemein eine
Verringerung der Besatzstärke sowohl hinsichtlich der Arten-
als auch der Individuenzahl festzustellen. Das betrifft weniger
die Primärbesiedlung als vielmehr den späteren Besiedlungsverlauf. Eine recht starke Besiedlung zeigen (Abb. 10a) die Diatomeen, deren Bestand bis Versuchsende stetig zunimmt.

Abb. 11a und b bringen für die Strömungsgeschwindigkeit 30 cm/
sec den Besiedlungsverlauf auf waagerecht exponierten Objektträgern zur Anschauung. Im Vergleich zu Abb. 9 zeigt sich hier vor
allem eine stärkere Entfaltung der Diatomeen, der Desmidiaceen
und der Rotatorien (Abb. 11a), während bei den Ciliaten (Abb.
11b) keine entscheidenden Unterschiede bestehen, wenn man von
der etwas divergierenden Bestandsstärke bei Epistylis plicati-
lis absieht. Hier ist wegen der Schwierigkeit der Zählung der
kolonie bildenden Peritrichen Zurückhaltung in der Kurveninter-
pretation nötig.

Zusammenfassend kann zu den Sukzessions- und Besiedlungsunter-
suchungen festgestellt werden: Mit zunehmender Strömungsgeschwindigkeit wird die Artenzahl im Aufwuchs geringer und die Besiedlungsdichte nimmt ab. Anders ausgedrückt, es verringern sich die
Mannigfaltigkeitsindices insbesondere der Ciliatengesellschaft
mit steigender Strömungsgeschwindigkeit. Eine praktische Konsequenz daraus ist, daß der Ausnutzung von Aufwuchsuntersuchungen
für Zwecke der Gewässergütebeurteilung mit zunehmender Strömung
Grenzen gesetzt werden. Der Grund dafür ist, daß hier nicht mehr
abbaubürtige Faktoren die Besiedlung verändern, sondern die
Strömung zum übergeordneten ökologischen Faktor wird.

4. Zusammenfassung

Im methodischen Teil wird die für limnologische Untersuchungen
neue Heißfilm-Anemometrie erläutert.

Die praktische Erprobung von Heißfilmsonden bei Aufwuchsuntersuchungen in Modellgerinnen ergab folgende wesentlichen methodischen Ergebnisse: Im Wasser enthaltene Luftblasen stören
grundsätzlich und zwingen in Modellfließgewässern zu Antriebs-
weisen mit möglichst geringem Blaseneintrag. Bei stärkerer De-
tritusführung erwies sich nur der sogenannte konische Sondentyp
als bedingt brauchbar. Messungen unmittelbar am oder im Aufwuchs waren nicht möglich. Die Modellmessungen der Strömungsverteilung mußten deshalb an unbewachsenen Substraten (hier: Objektträger) und bei Fehlen von Schwebstofffrachten durchgeführt
werden.

Messungen der Strömungsverhältnisse in Modellgerinnen an verschiedenartig zur Gewinnung von Aufwuchs exponierten Objektträgern zeigten folgende Resultate: Der freie Wasserkörper zeigt

in der Gerinnemitte im Vertikalprofil von der Oberfläche nach
unten gesehen zunächst nahezu gleiche Strömungsgeschwindigkeit,
in Bodennähe jedoch nimmt die Geschwindigkeit stark ab. Im Horizontalprofil des Rinnenquerschnitts verringert sich die Geschwindigkeit von der Außenseite zur Innenseite deutlich.

Die Primärbesiedlung auf verschiedenartig exponierten Objektträgern wurde untersucht und in Beziehung zu den jeweiligen
Strömungsbedingungen gesetzt. Repräsentative Befunde sind in
den Abb. 3 - 6 zusammengestellt. Wichtigste Befunde: Auf senkrecht stehenden, an der langen Kante angeströmten Objektträgern
läßt sich in Abhängigkeit von der in den Expositionsgestellen
herrschenden Strömung eine auffällige Zonierung feststellen.
Unter den herrschenden Versuchsbedingungen ergaben sich aber
keine signifikanten Besiedlungsunterschiede zwischen Innen- und
Außenlage im Gerinne.

Als praktisch nutzbare Expositionsweisen erwiesen sich waagerecht am Gewässergrund ausgebrachte Objektträger und senkrechte,
mit der langen Kante zur Strömung gerichtete Objektträger, die
in Gestellen exponiert sind. Letztere müssen zur Gewinnung re-
produzierbarer Ergebnisse in Streifen von der Vorder- bis zur
Hinterkante ausgezählt werden; am sichersten ist die Auswertung
der ganzen Fläche.

In den Abb. 8 - 11 sind repräsentative Darstellungen der Sukzession und des Massenwechsels der Aufwuchsorganismen bei verschiedenen Strömungsverhältnissen zusammengefaßt. Besonders
auffallend ist hier, daß mit zunehmender Strömungsgeschwindigkeit Artenzahl und Besiedlungsdichte abnehmen.

5. Literaturverzeichnis

Ambühl, H. (1959): Die Bedeutung der Strömung als ökologischer Faktor. - Schweiz. Z. Hydrol. 21: 133-264.

Bertram, R. (1972): Der Einfluß der Temperatur auf den Peptonabbau und die Populationsdynamik von Aufwuchsciliaten in Modellökosystemen. - Diplomarbeit Math.-Nat. Fakultät, Univ. Bonn.

Bick, H. (1967): Vergleichende Untersuchung der Ciliatensukzession beim Abbau von Pepton und Cellulose (Modellversuche). - Hydrobiologia 30: 353-373.

Bick, H. & R. Bertram (1973): Experimentell-ökologische Untersuchung der Populationsdynamik von Aufwuchsciliaten unter besonderer Berücksichtigung des Temperaturfaktors. - Forschungsberichte des Landes NRW 2266: 1-29.

Bick, H. & H.P. Müller (1973): Population dynamics of Bacteria and Protozoa associated with the decay of organic matter. - Bull. Ecol. Res. Comm. (Stockholm) 17: 379-386.

Bick, H. & W. Schmerenbeck (1971): Vergleichende Untersuchung des Peptonabbaus und der damit verknüpften Ciliatenbesiedlung in strömenden und stagnierenden Modellgewässern. - Hydrobiologia 37: 409-446.

Christmann, K.-H. (1973): Untersuchungen zur Eignung von Heißfilm-Sonden für limnologische Strömungsmessungen mit Modellversuchen zur Wirkung der Strömung auf die Periphytonbesiedlung. - Diplomarbeit Math.-Nat. Fakultät, Univ. Bonn.

Corliss, J.O. (1961): The ciliated Protozoa. - Pergamon Press, Oxford, London, New York, Paris.

Eyferth, B. & W. Schoenichen (1925/27): Einfachste Lebensformen des Tier- und Pflanzenreichs. 5. Aufl. - Berlin.

Kahl, A. (1930-35): Wimpertiere oder Ciliata. - In: Dahl, F.: Die Tierwelt Deutschlands, Teil 18, 21, 25, 30. - G. Fischer, Jena.

Kleinzeller, A. (Hrsg.) (1965): Manometrische Methoden und ihre Anwendung in Biologie und Biochemie. - G. Fischer, Jena.

Liebmann, H. (1965): Über die Grundlagen der Abwasserphysiologie. - Die Wasserwirtschaft 55: 1-23.

Matthes, D. & F. Wenzel (1966): Wimpertiere (Ciliaten). - Kosmos Verlag Franckh, Stuttgart.

Rasmussen, C.G. (1967): Das Problem der Luftblasen in Wasser bei der Messung mit dem Heißfilm-Anemometer. - DISA-Information 5: 21-28.

Schmerenbeck, W. (1970): Vergleichende Untersuchungen des Peptonabbaus und der damit verknüpften Ciliatenbesiedlung in strömenden und stagnierenden Modellgewässern. - Diplomarbeit Math.-Nat. Fakultät, Univ. Bonn.

Schmerenbeck, W. (1974): Experimentelle Untersuchungen an strömenden Modellgewässern zur Frage der Beziehung zwischen dem Abbau organischer Substanz und der Ciliatenbesiedlung. - Diss. Math.-Nat. Fakultät, Univ. Bonn.

Sládeček, V. (1973): System of water quality from the biological point of view. - Arch. Hydrobiol. Beih. Ergebn. Limnol. 7: 1-218.

Sládečková, A. (1962): Limnological investigation methods for periphyton ("Aufwuchs") community. - Bot. Rev. 28: 286-350.

Sládečková, A. & V. Sládeček (1963): Periphyton as indicator of the reservoir water quality. I. Trueperiphyton. - Sci. Pap. Inst. Chem. Technol., Prague, Technology of Water 7 (1): 507-561.

Wilbert, N. (1969): Ökologische Untersuchung der Aufwuchs- und Planktonciliaten eines eutrophen Weihers. - Arch. Hydrobiol./Suppl. 35: 411-518.

Meßposition 1	16 cm/sec	21 cm/sec	34 cm/sec
2	$- 6 (\pm 1)$	$- 9 (\pm 1)$	$- 12 (\pm 1)$
3	$+ 25 (\pm 2)$	$+ 24 (\pm 2)$	$+ 26 (\pm 2)$
4	$+ 18 (\pm 2)$	$+ 17 (\pm 2)$	$+ 18 (\pm 1)$

Tab. 1: Prozentuale Veränderung der Strömungsgeschwindigkeit
zwischen zwei parallel zueinander im Gestell exponierten Objektträgern bei verschiedenen Strömungsgeschwindigkeiten des freien Wassers.

    1 : Meßposition 1 ("freies Wasser"); 15 cm vor
        Objektträgergestell;

    2 : Meßposition 2 in Höhe der Vorderkanten zwischen
        den Objektträgern;

    3 : Meßposition 3 in der Mitte zwischen den Objekt-
        trägern;

    4 : Meßposition 4 in Höhe der Hinterkanten zwischen
        den Objektträgern.

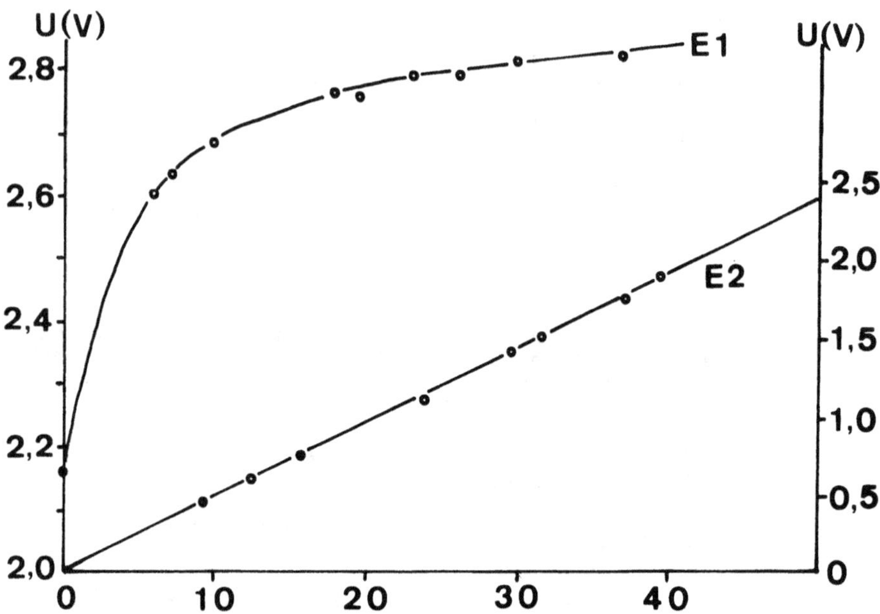

Abb. 1 : Die Eichkurven für die konische Sonde A 87 in
destilliertem Wasser bei 20,5°C. Obere Kurve
(E 1) nicht linearisiert, untere (E 2) linearisiert.

Waagerechte: Eichgeschwindigkeit in cm/sec.

Linke Senkrechte: Anemometer-Ausgangsspannung.

Rechte Senkrechte: Linearisierte Spannung.

Kenndaten:

Sondenwiderstand bei der Temperatur des Meßmediums
R_o = 20,66 Ohm

Arbeitswiderstand bei Betriebstemperatur der Sonde R =
22,00 Ohm

Überhitzungsfaktor Ü = 1,06

Überhitzungsverhältnis a = 0,06

Spannung bei Geschwindigkeit Null

$$U_o = 2,16 \text{ Volt (E 1)}$$

Exponenteinstellung   m = 6

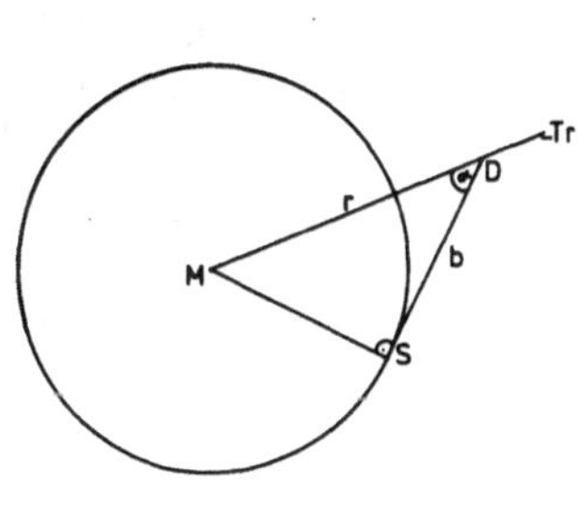
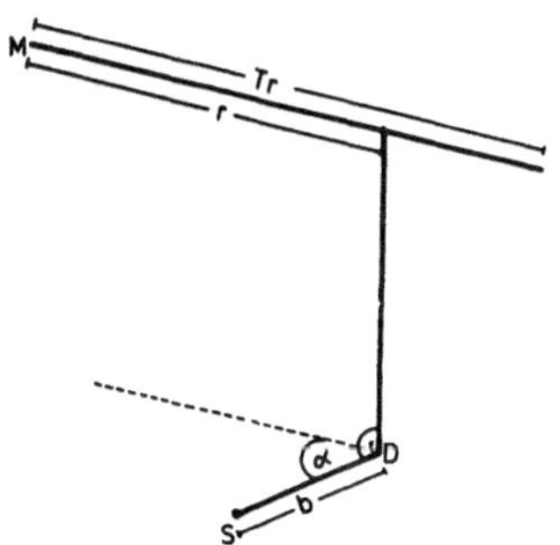

Abb. 2 : Skizze zur Ableitung der Winkelformel.

    A : Aufsicht auf die Eichvorrichtung
    B : Seitenansicht

    Abkürzungen (vergleiche auch Kap. 2.4.4.)

        M = Drehpunkt des Trägerarms
        Tr = Trägerarm
        D = Drehpunkt des rechtwinkligen Sondenhalters
        S = Sondenspitze
        r = Einstellradius der Sonde = $\overline{MD}$
        α = Winkel, den der untere Teil (b) des Sonden-
              halters mit dem Trägerarm bildet

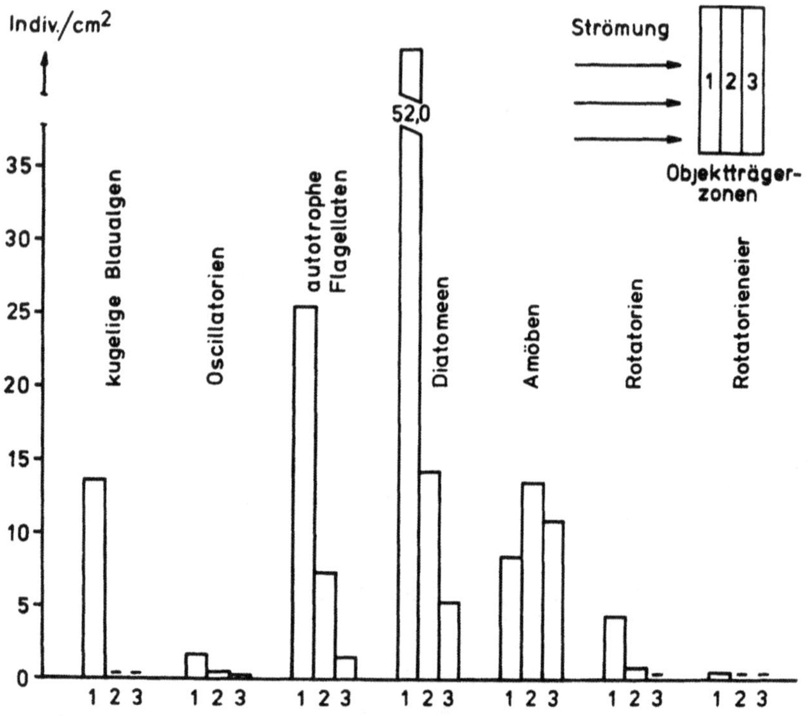

Abb. 3a : Zonierung der Primärbesiedlung 48 h nach Versuchsbeginn auf senkrecht exponierten, mit einer langen
Kante gegen die Strömung ausgerichteten Objektträgern.

Normexposition in Gestellen.

1, 2, 3 bezeichnet die ausgezählten Zonen gemäß Einschaltfigur oben rechts in Abb. 3a.

Strömungsgeschwindigkeit 17 cm/sec.

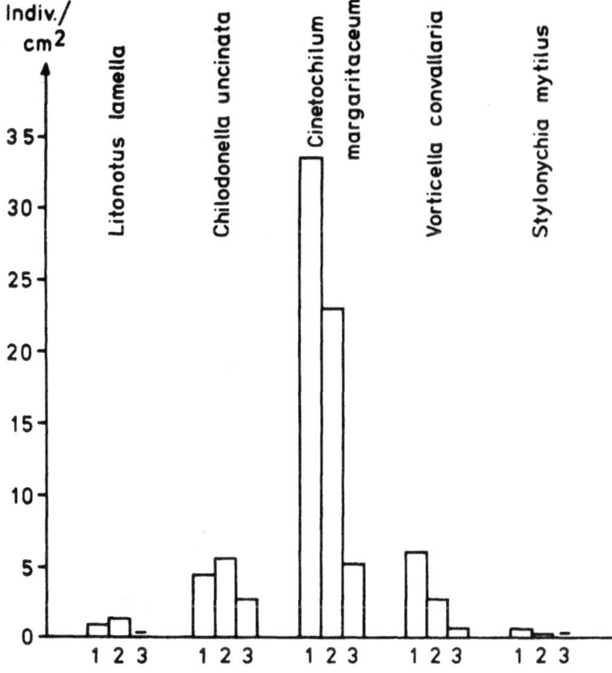

Abb. 3b (Text siehe Abb.3a)

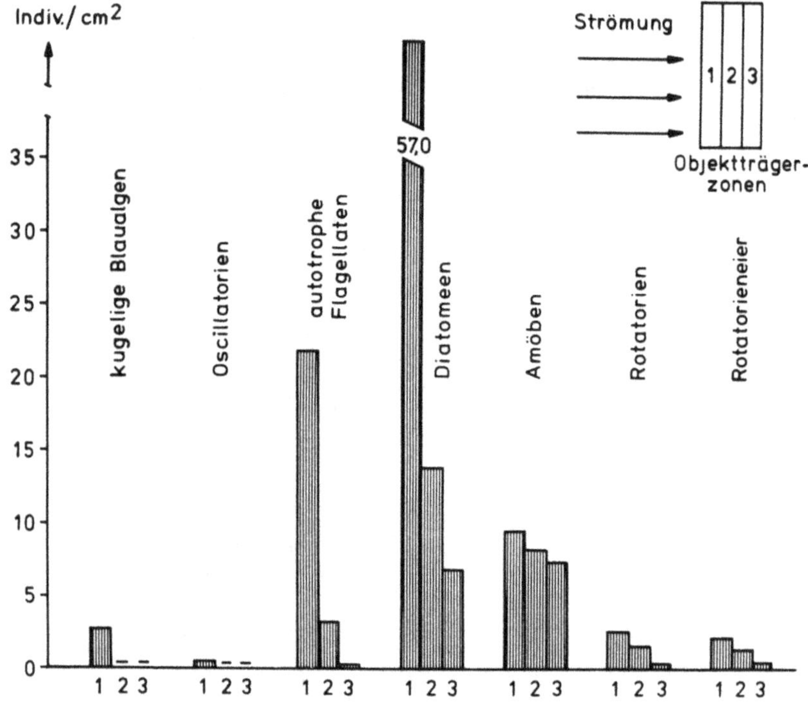

Abb. 4a : Zonierung der Primärbesiedlung.
Wie Abb.3; aber Strömungsgeschwindigkeit 58 cm/sec.

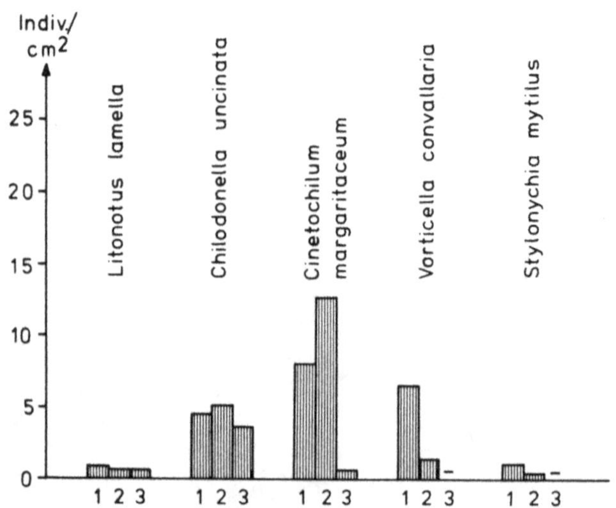

Abb. 4b (Text siehe Abb. 4a)

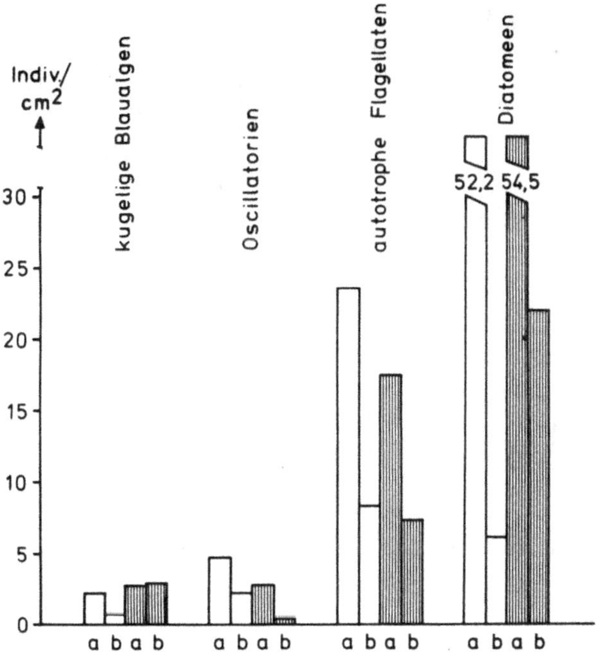

Abb. 5a : Die Primärbesiedlung auf Objektträgern, die mit
einer Breitseite der Strömung zugekehrt exponiert
wurden. Größte Ausdehnung der Objektträger in
senkrechter Richtung.

a = Prallfläche (Luv);
b = strömungsabgewandte Fläche (Lee).

Weiß: Strömungsgeschwindigkeit 10 cm/sec;
schraffiert: 50 cm/sec.

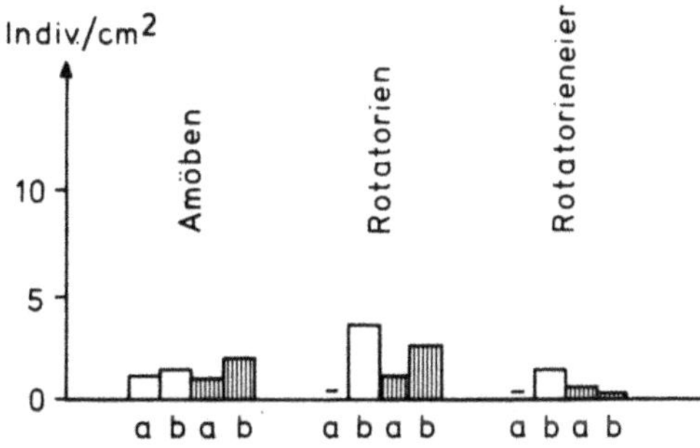

Abb. 5b (Text siehe Abb.5a)

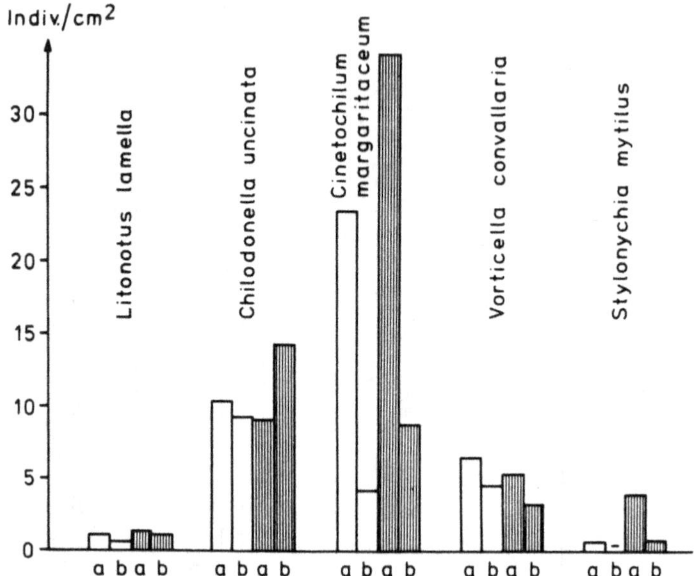

Abb. 5c (Text siehe Abb. 5a)

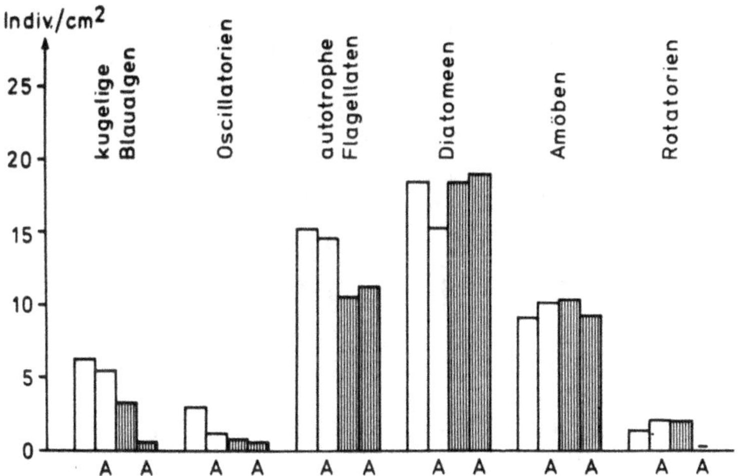

Abb. 6a : Die Primärbesiedlung von waagerecht am Boden des
Gerinnes ausgelegten Objektträgern 24 h nach Ver-
suchsbeginn. Größte Länge der Objektträger in
Strömungsrichtung.

A bezeichnet die Lage an der Außenkante; die unbe-
zeichneten Werte stammen von der Innenkante.

Weiß: Strömungsgeschwindigkeit 10 cm/sec;
schraffiert: 50 cm/sec (jeweils gemessen an der Wasseroberfläche).

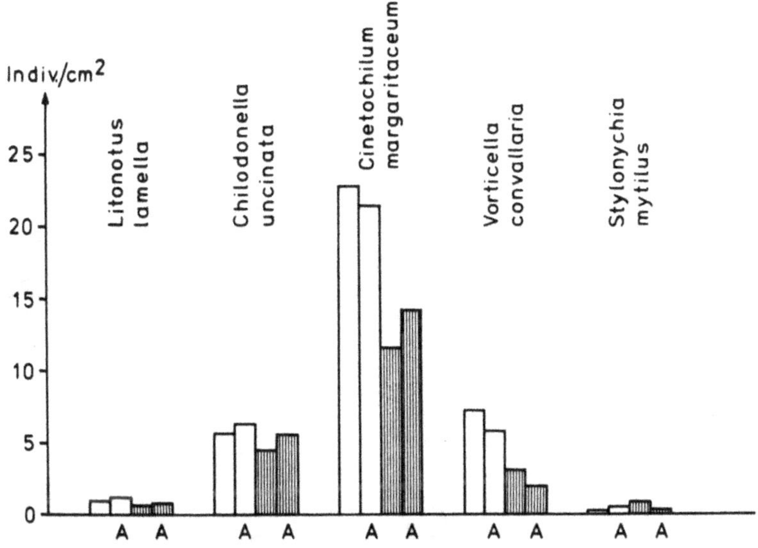

Abb. 6b (Text siehe Abb. 6a)

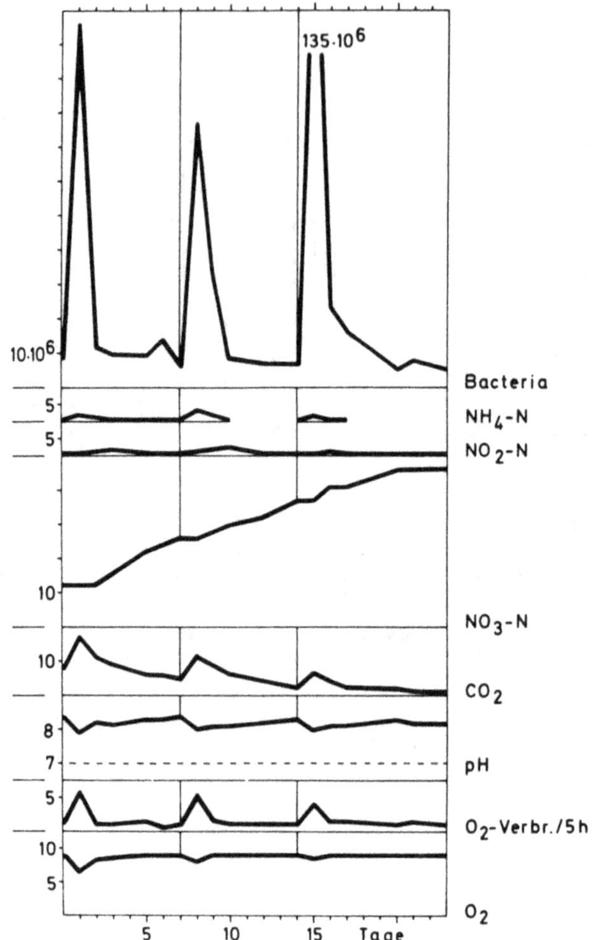

Abb. 7 : Massenwechsel der Bakterien und Veränderungen wich-
tiger abiotischer Faktoren nach Zugabe von 100 mg
Pepton pro Liter Versuchswasser zu Versuchsbeginn
und am 7. und 14. Tag (Markierung durch dünne senkrechte Linien). <u>Strömungsgeschwindigkeit 30 cm/sec.</u>

Zur Biologie vgl. Abb. 9a und b.

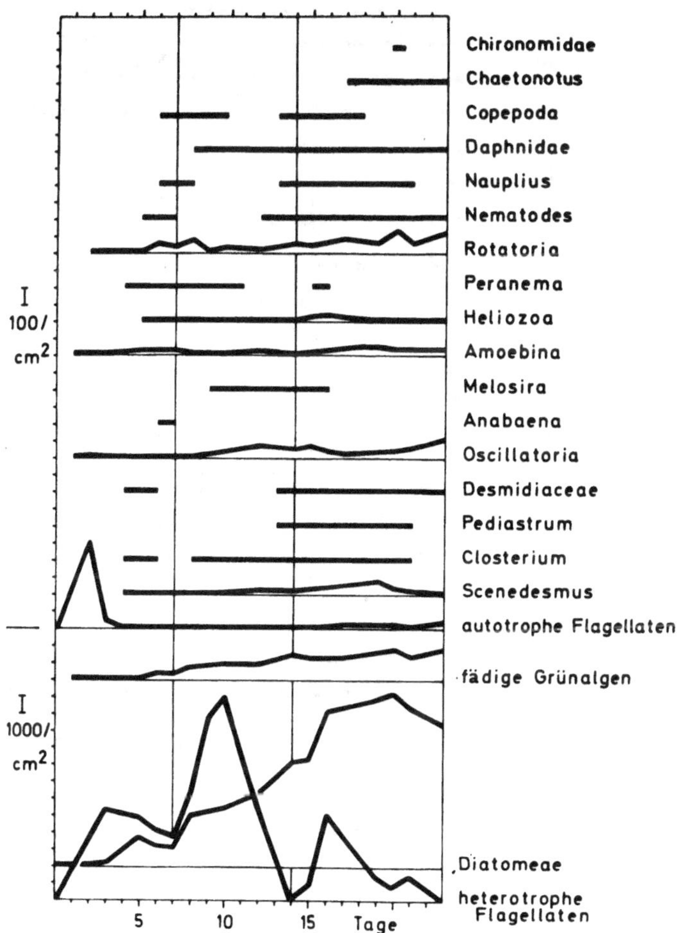

Abb. 8a : Die Organismenbesiedlung von senkrecht in
Gestellen exponierten Objektträgern bei dreima-
liger Zugabe von je 100 mg/l Pepton (vgl. Abb.7).
Belüftetes Modell eines stehenden Gewässers.

Die Ciliaten sind in Abb. 8b zusammengestellt, alle
übrigen Formen in 8a. Der Maßstab bei Diatomeen ist
gegenüber Abb. 9 und 10 um das 10-fache überhöht.

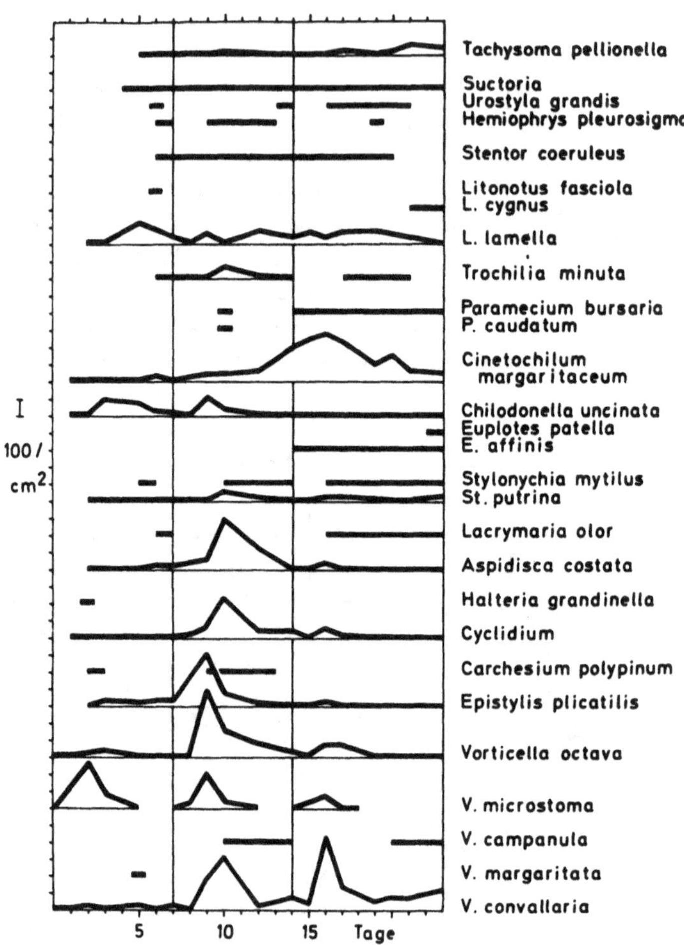

Abb. 8b (Text siehe Abb.8a)

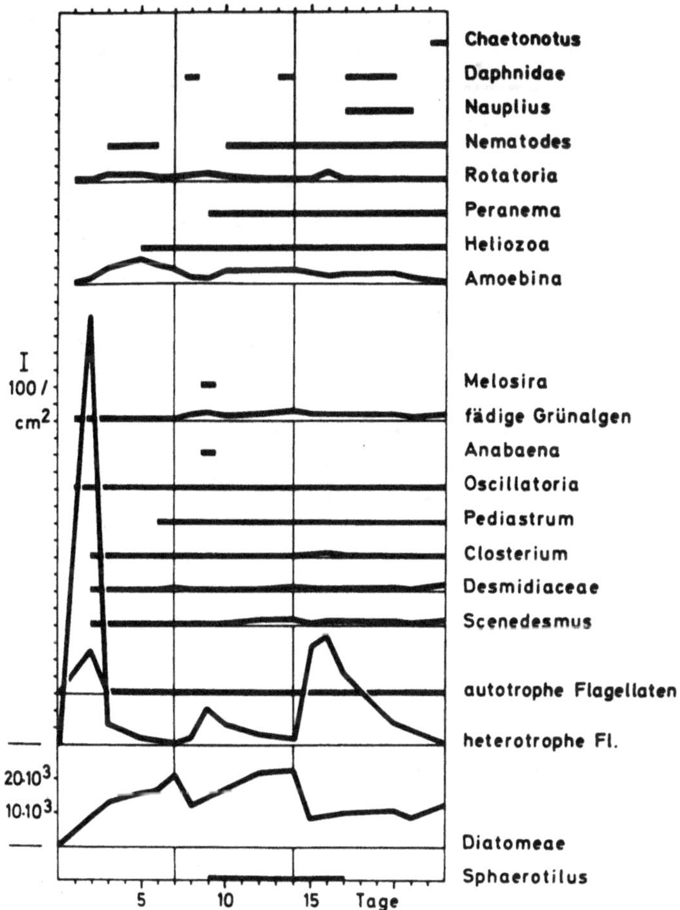

Abb. 9a : Die Organismenbesiedlung von senkrecht in Gestellen
exponierten Objektträgern bei dreimaliger Zugabe
von je 100 mg/l Pepton (vgl. Abb. 7).
Fließgewässermodell mit 30 cm/sec Strömungsgeschwindigkeit.

Die Ciliaten sind in Abb. 9b zusammengestellt, alle
übrigen Formen in 9a. Chemismus dieses Versuchs
siehe Abb. 7.

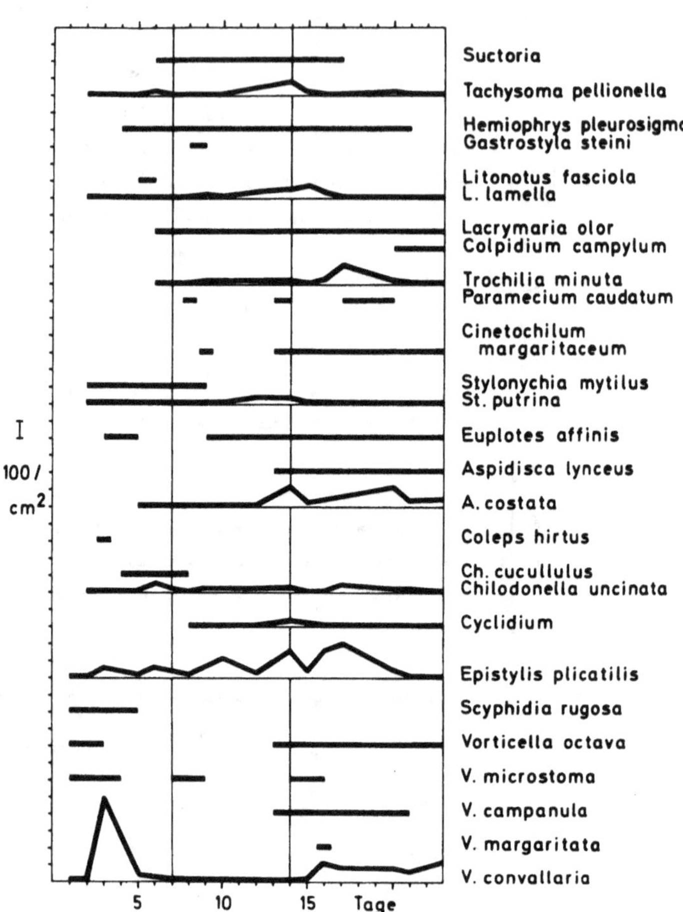

Abb. 9b (Text siehe Abb. 9a)

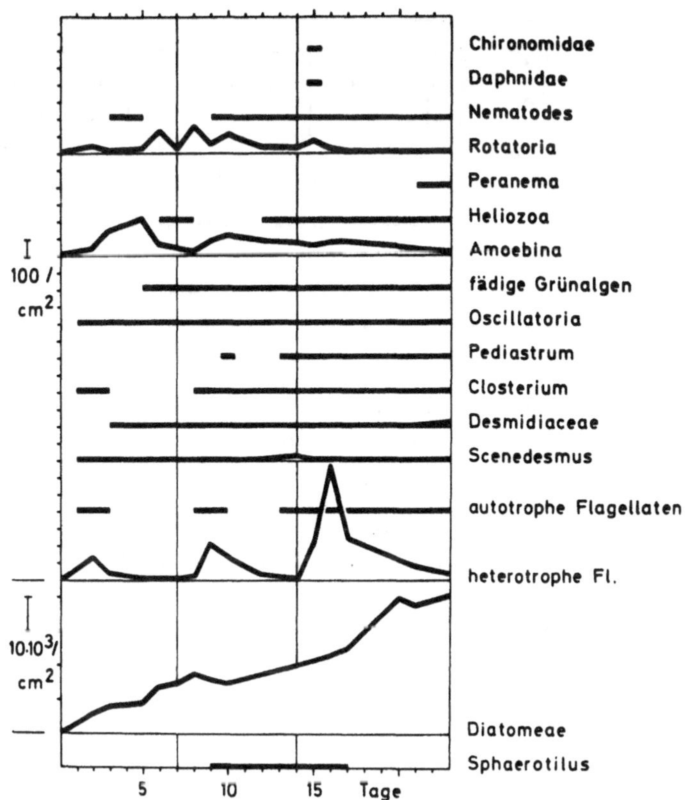

Abb. 10a : Die Organismenbesiedlung von senkrecht in Gestellen exponierten Objektträgern bei dreimaliger
Zugabe von je 100 mg/l Pepton (vgl. Abb. 7).
Fließgewässermodell mit 60 cm/sec Strömungsgeschwindigkeit.

Die Ciliaten sind in Abb. 10b zusammengestellt,
alle übrigen Formen in 10a.

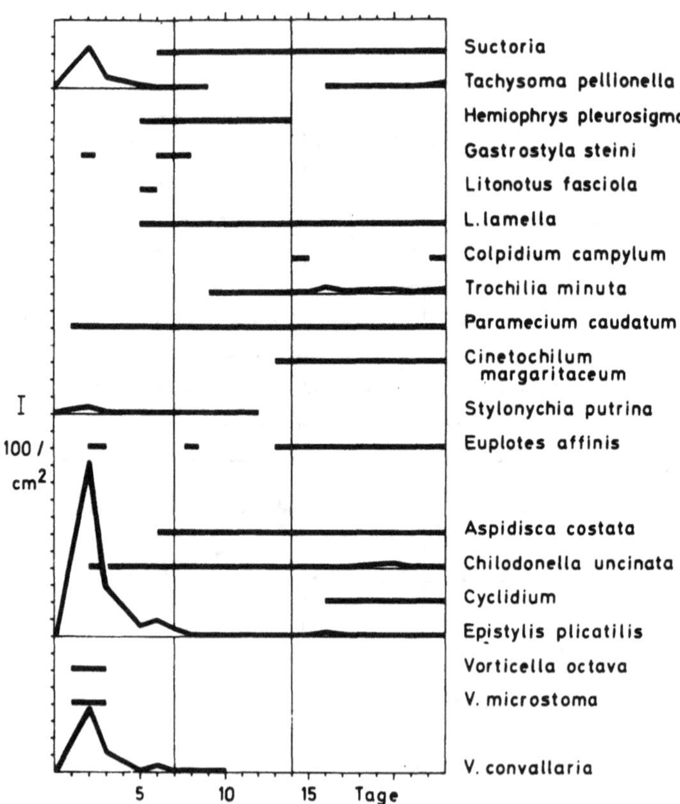

Abb. 10b (Text siehe Abb. 10a)

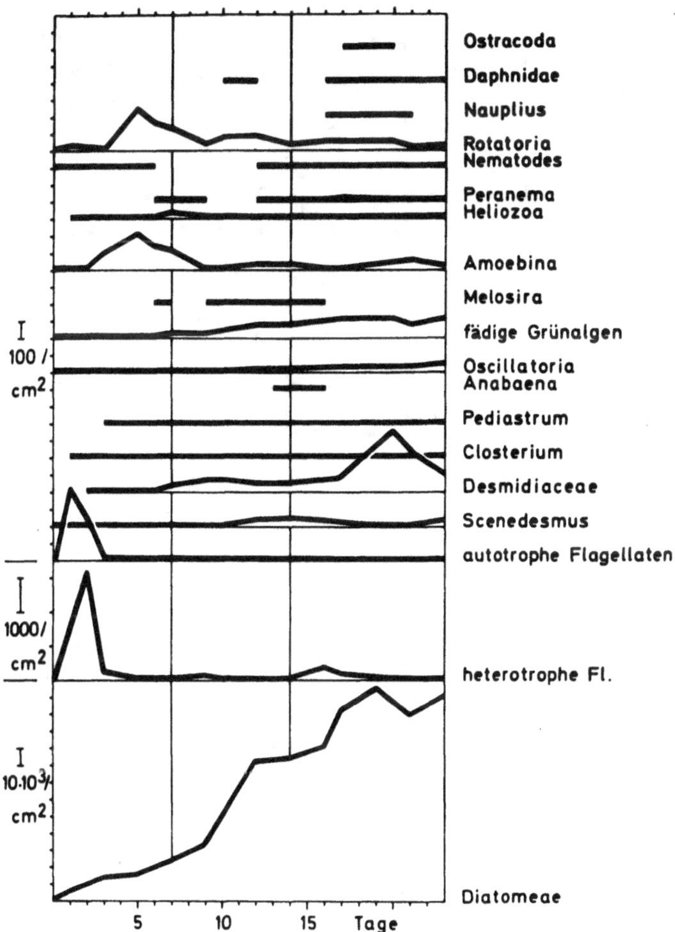

Abb. 11a : Die Organismenbesiedlung von waagerecht am
Gewässerboden exponierten Objektträgern bei
dreimaliger Zugabe von je 100 mg/l Pepton
(vgl. Abb. 7). Fließgewässermodell mit
30 cm/sec Strömungsgeschwindigkeit.

Die Ciliaten sind in Abb. 10b zusammengestellt,
alle übrigen Formen in 10a.

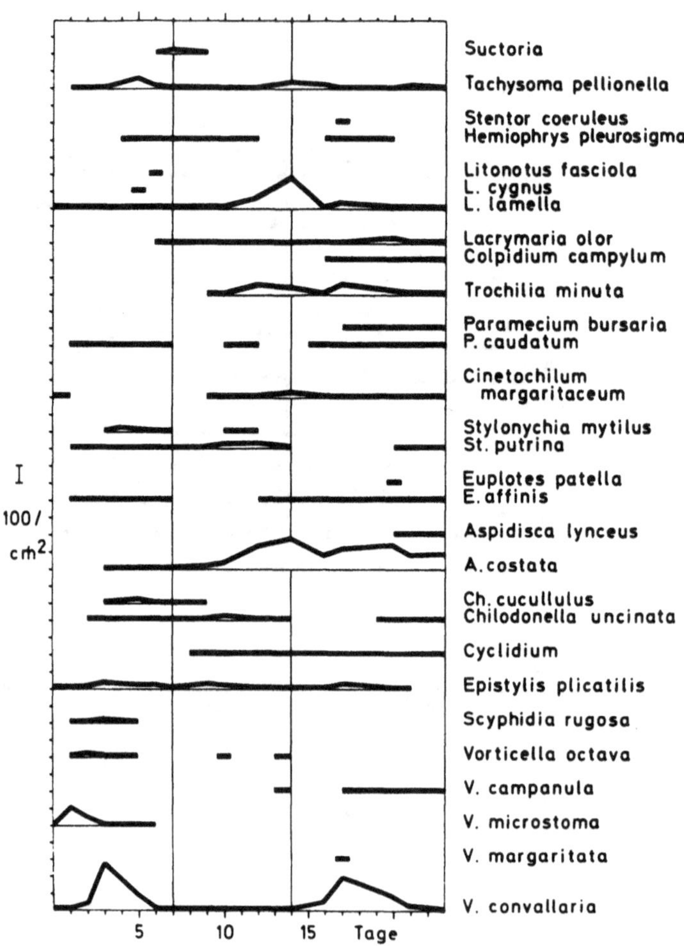

Abb. 11b (Text siehe Abb. 11a)

Forschungsberichte des Landes Nordrhein-Westfalen

Herausgegeben im Auftrage des Ministerpräsidenten Heinz Kühn
vom Minister für Wissenschaft und Forschung Johannes Rau

Sachgruppenverzeichnis

Acetylen · Schweißtechnik
Acetylene · Welding gracitice
Acétylène · Technique du soudage
Acetileno · Técnica de la soldadura
Ацетилен и техника сварки

Arbeitswissenschaft
Labor science
Science du travail
Trabajo científico
Вопросы трудового процесса

Bau · Steine · Erden
Construcure · Construction material ·
Soilresearch
Construction · Matériaux de construction ·
Recherche souterraine
La construcción · Materiales de construcción ·
Reconocimiento del suelo
Строительство и строительные материалы

Bergbau
Mining
Exploitation des mines
Minería
Горное дело

Biologie
Biology
Biologie
Biología
Биология

Chemie
Chemistry
Chimie
Química
Химия

Druck · Farbe · Papier · Photographie
Printing · Color · Paper · Photography
Imprimerie · Couleur · Papier · Photographie
Artes gráficas · Color · Papel · Fotografía
Типография · Краски · Бумага · Фотография

Eisenverarbeitende Industrie
Metal working industry
Industrie du fer
Industria del hierro
Металлообрабатывающая промышленность

Elektrotechnik · Optik
Electrotechnology · Optics
Electrotechnique · Optique
Electrotécnica · Optica
Электротехника и оптика

Energiewirtschaft
Power economy
Energie
Energía
Энергетическое хозяйство

Fahrzeugbau · Gasmotoren
Vehicle construction · Engines
Construction de véhicules · Moteurs
Construcción de vehículos · Motores
Производство транспортных средств

Fertigung
Fabrication
Fabrication
Fabricación
Производство

Funktechnik · Astronomie
Radio engineering · Astronomy
Radiotechnique · Astronomie
Radiotécnica · Astronomía
Радиотехника и астрономия

GPSR Compliance
The European Union's (EU) General Product Safety Regulation (GPSR) is a set
of rules that requires consumer products to be safe and our obligations to
ensure this.

If you have any concerns about our products, you can contact us on

ProductSafety@springernature.com

In case Publisher is established outside the EU, the EU authorized
representative is:

Springer Nature Customer Service Center GmbH
Europaplatz 3
69115 Heidelberg, Germany